这样装修才会顺

装修必知

凤凰空间·华南编辑部　编

U0222433

江苏凤凰科学技术出版社

目录

基础篇

选宅最要注意的八种布局

1、光照过强
房屋过于靠近河面和海面，或者邻近的大厦装有玻璃幕墙，除了正常的采光，阳光还会被反射到室内，导致室内过阳，温度过高，使人产生烦躁冲动的情绪，心神不宁。

解决方法： 可在玻璃窗上贴半透明的磨砂胶纸，孕妇和身体虚弱的老人尽量避免居住于此。

2、大马路直对门口或阳台
大马路直对着大门或者阳台，马路两边的建筑会使风力加强，携带灰尘和废气吹进家里，造成污染，影响健康和心情。房屋过于靠近马路也会有同样的问题。

解决方法： 在门前或阳台种植植株较高的灌木。

3、反弓路桥
旁边的道路、天桥或立交桥与房屋成反弓状，风力则沿弯曲的切线方向吹向房屋，带来的灰尘、废气和噪音都对健康有一定的影响。

解决方法： 对着切线方向安装能挡风和透风的木制百叶窗帘或竹帘。

4、对着尖角建筑
大厦门口或者阳台正对尖形物（如大厦的隅角），看上去有如箭头击射过来，这种尖角不但观感不佳，而且对居者构成压力。从住宅养美学的角度来看，居者亦要多费心思，否则便会令客厅失去和谐统一。

解决方法： 用木板挡住，或用植物或者鱼缸装饰。

5、两栋房屋靠得太近
由于靠得很近，两座大厦中间形成一道相当狭窄的空隙，如此一来，楼隙的中间部分的风切应力最大。长期的风力作用同时夹杂污染的空气、灰尘，对人体危害严重，同时也不利于室内的通风和采光。

解决方法： 在门前挂门帘、屏风，室内装修用浅淡一点的色调。

6、房屋靠近荒山
房屋若能够依山而建，则能把室外的秀丽风景引入室内，但此山必须树木茂盛或山形秀丽，若果山石嶙峋、寸草不生，则引起相反的效果，长久居住会使人心情低落。不仅如此，荒山容易水土流失，导致堵塞排水系统。

解决方法： 常把窗帘落下，或在面山的方向种植植物，增加住宅生气。

7、住宅中间有承重立柱或者底下有地铁、隧道
在地铁路上或隧道上盖的房屋，或建筑物的承重立柱被悬架在住宅区域中间。前者容易导致地质不稳，带来安全隐患；后者则使住宅内家人动线

安排受阻，带来不便。

解决方法：避免立柱成为区域空间的中心点，也可以用间隔墙体包裹或连接起来。

8、房屋户型不整或长度过长

户型以正方形或略长的长方形为最佳，户型若缺角或有一角是三角形形状的，则会导致房屋的面积利用率不高。如果户型长度过长，则影响室内的整体采光和通风。

解决方法：通过收纳和分隔巧妙地利用琐碎的空间。

❖ 选宅最要注意的十类建筑

1、医院

医院是病菌多、人流密集的地方，其气味积聚起来会对周边住宅造成健康影响。若你的房子附近就是医院，应常打开不向着医院的门窗流通空气，并且多运动强身健体，让病菌无从入手。

2、公厕

厕所是污秽之地，因此房子里的厕所要有所遮挡，不能直接对着客厅或房间。若整个房子都毗邻公厕，卫生状况不言而喻。

3、菜市场

菜市场藏污纳垢，而且吆喝叫卖之声会给日常生活带来很多噪音，运货车辆的来来往往更增加家中老人小孩出行的危险。

4、火车站、汽车站

火车站和汽车站是交通枢纽，聚集了各式各样的人群，向来都是治安的难点。根据统计，火车站和汽车站的犯罪率确实高于其他普通居住地段，而且人来车往，无形中为出行安全带来隐患。

5、建筑工地

买楼前要了解附近有没有建筑工地正在或在近期开工。建筑工地是重要的噪音、尘土污染的来源，而且施工时间长，除了建筑还要装修，对居住者的影响不小。

6、发射塔、高压电塔

发射塔和高压电塔都是工业产物，若房子在这些塔附近，不仅会给人心理上造成极大的不舒适感，而且辐射大，居者易受磁场的干扰。

7、高架桥

位于高架桥附近的房子从居住环境的角度来看，川流不息的车辆会扰人休息，对居住者的健康极为不利。

8、垃圾站

垃圾场又臭又脏，容易滋生细菌，也是蛇鼠虫蚁滋生之地，另外垃圾车经常在凌晨或者深夜进出作业。若房子在垃圾站附近，容易对居住者身体健康造成不良影响。

9、烟囱

现在环境污染严重，空气质量不好，如果房子在烟囱附近则更是雪上加霜。如果房屋碰巧处于烟囱的下风位，那烟囱排放的有害物质就会迎面扑向房子，而且有烟囱的地方必有工厂，必然会带来噪音、污水等污染，对居住者的健康造成极大的危害。

10、墓地、火葬场

若房子附近有墓地、火葬场，会给居住者不好的心理暗示，特别是家中有老人者，则更加敏感。如果房子不得不对着墓地和火葬场，装修时可多选择亮丽点的色彩或者舒适的北欧风格，多种植或插上鲜艳的花卉，给住宅带来生气和活力。

选二手房最要注意的十点

1、注意旧房的年限和土地使用期限，房子是否显得比使用年限老旧，是否很久没有人住，这都说明此处是否宜居。如果房子大大低于市场价，则千万不可掉以轻心。

2、要注意房子朝向、采光和通风状况是否良好，房屋是否有潮湿、霉味，房屋的窗户有无对着别家的排气孔。

3、物管公司提供哪些服务，是否欠物业公司的管理费以及水、电、煤费用，绿化和保安水平怎样，水、电、煤费用如何收取，电梯的品牌、速度及管理方式，楼梯是否有住家的堆积物，消防通路是否通畅。

4、晚上看房，能考察小区物业管理是否安全、有无定时巡逻、安全防范措施是否周全、有无摊贩等社会人员产生的噪音干扰等。

5、雨天看房，能看出房屋墙壁、墙角、天花板是否有裂痕，是否漏渗水。尤要留意阳台、卫生间附近的地板，是否有潮湿发霉的现象。

6、最好是看空房子，因为没有家具的遮挡，买家可以清晰地看到整个房子的格局是否合理，管线是否太多或走线不合理，天花板是否渗水，墙壁是否有爆裂或者脱皮等。

7、了解装修的状况。原房屋是否已装修，装修水平和程度如何；包括管线的走向、承重墙的位置等，以便重新装修。

8、好的装潢都会让人眼前一亮，有时高明的装潢可以把龟裂、发霉、漏水等毛病——遮掩。因此，买家必须注意做工问题，尤其是墙角、窗沿、天花板的收边工序是否细致。

9、看水管周围有没有水垢，可知水管是否漏过水。检验水槽、浴缸时，要先打开水龙头，看流水是否通畅，等到蓄满水后再放水，看排水系统是否正常。

10、除了注意地面和墙面，还要看天花板是否有水渍，或是漆色不均匀等现象，看一下吊顶四角是否有油漆脱落，如果有，表示有可能漏水。

实战篇

01 玄关与客厅

根据心理学家的研究结果，第一印象会产生在初见事物的 7 秒内。对于居室而言，玄关就是给人营造第一印象的场所，是体现主人品位和渲染家居风格的一角，更是统领整个居室气息的咽喉之地。玄关是从门外进入客厅的缓冲区域，是让来者安静下来，并且做好进入室内的准备的地方，因此玄关的布置好坏关乎住宅的质量。

在确定装修方案前，不能盲目地只追求风格和好看，最重要的是根据自己和家人的生活习惯规划各种功能区域，打造自己的顺风顺水装修方案。

❖ 玄关是家居的第一道屏障

赞

√玄关第一作用：阻挡室外复杂环境对室内的影响。

√玄关第二作用：保护室内的隐私。

√低楼层的玄关，需要加强遮挡作用，避免沙尘、湿气入侵家宅。

√玄关要整齐干净。杂乱和拥堵会使人进入住宅的第一时间心情不好。玄关整体色调明亮比暗沉好。

√玄关天花宜高，易于空气流通，对住宅采光也大有裨益。

√玄关天花颜色宜轻，符合"天轻地重"的心理感受，也不让人一进门就感到压抑，有利于劳累一天回家后的心情放松。

弹

× 大门与阳台门或窗相对，形成"穿堂风"的平面格局。

解决方法： 在玄关增加隔断，打造回转空间，使气流迂回进入室内，既不会阻挡通风，也不会让气流直吹居住者。

× 镜子正对大门。

解决方法： 在玄关处安装镜子，主要作为进出家门前整理仪容之用，但镜子最好不要正对大门，以免因为镜子反光形成错觉吓到来客。

× 玄关的装饰过多。

解决方法： 玄关一般面积较小，装饰过多会造成凌乱感，给人们的出入带来不便。

玄关的私人定制

玄关柜

定制玄关柜是最有效的利用空间的方法。在了解自己需要哪些收纳功能以后，你就可以按照自己的需求来量身定做一个玄关柜。通过合理的功能布置，衣帽、鞋子、箱包、宠物链、钥匙、信报、雨具等都可轻松收纳。按使用频率分类，将经常使用的物品放置在玄关柜容易存取的地方，比较少用的物品则放置在吊柜的上层空间。

换鞋凳

矮柜子可以当作换鞋凳，方便换鞋。上面做活动盖板，将换下来的鞋收入其中，底部最好挑空，将日常拖鞋隐藏在下面。

挂钩 & 吊柜

合理运用挂钩和吊柜带来的强大收纳实力会给你极大的惊喜！吊柜设计得当，不但能收纳很多小物件，更是家居设计加分的部分。抽屉式吊柜或者开门式吊柜是最佳选择，许多零碎小物可以分门别类地收存。

装修 Tips

玄关分为全隔断、半隔断和软玄关三种：

全隔断： 由地面至天花的完整空间，能增加内厅的私密性，但要注意门口的自然采光，不适合较小的空间。

半隔断： 部分遮挡，既能避免视觉的拥堵感，又能起到分隔空间的作用。

软玄关： 在天花板、墙面或者地板上通过不同的材料、颜色来区分，打造视觉分隔，暗示玄关的存在。这种方法适合面积较小的客厅，花费也不高。

玄关当属客厅的一部分，所以玄关的风格、材质和色调等要与客厅相协调，不能采用与客厅完全不搭边的设计。

玄关与客厅之间的隔断宜采用通透的设计，加强通风和采光的效果。半透明的装饰如玻璃、珠帘，材质通透的屏风和半隔断装饰柜等都是很好的选择。

此外，在玄关处还可以摆放既能坐着换鞋又能收纳的矮柜、节省地面空间的悬空柜或较矮的长凳。

玄关不宜选用直射灯，也不宜挑选光射效果十分强烈耀眼的灯，避免让进屋的人感到炫目。

玄关地板要耐脏、防滑、易清洁。

玄关要有遮挡作用：与客厅直接相连的玄关，在设计的时候要兼顾不同的方面，既要挡住外人的窥视，也要注意气流的方向。可以通过改变大门朝向或者用增加玄关隔断的方来调节。

禅意玄关：简单的白墙、金属框和透明玻璃形成了三个细长的长方形，增强了视觉上的挑高感。只简单悬挂一副用简约黑框装饰的水彩写意画，摆放几块鹅卵石，一个富有禅意韵味的玄关便映入眼帘。

人人都爱个性玄关：其实好设计不见得要花许多钱。珠帘或由抽象图案构成的雕花隔断的造价都不高，且容易清洁，既能创造出非常有个性的装饰效果，又有利于玄关的通风和采光。

玄关布置干净整洁最重要： 鞋子一类的杂物往往会散发异味，容易滋生病毒和细菌。若将这些东西杂乱摆放，空气会变得污浊，不好好整理收纳的话会对家人的健康产生不利的影响。在玄关处设置鞋柜或者储物柜是最好的解决办法。

打造超强收纳功能的玄关： 设计靠墙的、多抽屉的吊柜或地柜，能大大增加玄关的储物空间，我们进门后的包包、钥匙等物件儿就有了藏身的地方。如果能在门口位置放置一个矮柜坐着换鞋就更方便了。

玄关让家更有私密性： 没有玄关这一缓冲的间隔，客人一进门就能对整个家一览无余，会使坐在室内的人感到不安。卧室是更加私密的个人空间，如果大门正对卧室门，这种不安全感会更加明显。

打造特色玄关： 以英文字母为元素的镂空隔断，现代感十足又充满童趣，想必会深得小朋友的欢心。白色的中式花窗，轻巧且透光性好，不仅给人以心理上的空间分隔的暗示，还为室内装修增添了设计亮点。

小玄关节约空间秘诀：悬空的储藏柜和通透的隔断组合在一起，既能保证玄关的采光又能发挥保障隐私的作用。天花板的光带设计，也从视觉上划分了空间。

玄关的大小要与房屋相匹配：玄关的大小也是不容忽视的，它应该跟房屋的整体面积相匹配。面积狭小的住宅，玄关设计的过大会令其他功能空间减小，显得更加拥挤。另外，玄关形状要以圆形和方形为主，规整的形状能让进门的人更舒畅。

玄关是家的第一道风景：带有浓郁异域风情的玄关，给人奢华极致的感觉。圆形的过道搭配造型独特的吊灯、仿古地砖、暗金色的壁纸。方形门洞后，金色的马赛克以蓝色壁纸和白色实木线条为框，配搭奢华的复古矮柜和艳丽的花朵，像镶嵌在其中的一幅油画。

摄影：黄涛荣

摄影：黄涛荣

玄关摆放饰物有讲究：玄关处若要摆放植物，建议选择阔叶植物，比如绿萝或者发财树，它们美观且能吸附有害物质，能起到净化空气的作用。玄关光线通常偏暗，最好不要摆放绘有凶猛野兽图案的装饰画，以免在幽暗的环境下形成视觉上的错觉，惊吓到来访的客人。而摆放一些寓意吉祥的装饰物，则能增添喜气，营造一种祥和的气氛。因此很多玄关都会摆放福禄寿、年年有余、富贵牡丹、孔雀开屏等吉祥物或挂画。

玄关设计要因地制宜随形就势：玄关不仅仅是挂放衣帽、换鞋搁包的地方，也可以是纯粹接待客人和休闲的好去处。若玄关足够宽敞，可以建一个地台，用镂空屏风做隔断，形成一个独立的休闲空间。

✦ 客厅规划全攻略

为全家人建构一个温馨实用的客厅可不是随随便便就能做到的事，空间的舒适度与动线的流畅度等都是需要注意的细节，现在我们就一起来分享客厅布置的几大攻略吧！

尽量使客厅看起来更宽敞

在规划客厅空间时，不管是大空间还是小空间，制造宽敞感尤为重要，这种宽敞感可以通过合理的空间布置来达到效果。客厅空间不够大的，在设计上可以结合餐厅的空间做开放式设计，提升客厅空间的使用功能，就算多人聚会时，也可以很舒适。

保持空间的连续性

客厅的布置要考虑与玄关、餐厅、厨房的关系，使客厅的空间格局既具有独立性，又与其他空间区域遥相呼应。

动线要流畅

从玄关到客厅，或从客厅到其他房间，合理的动线设计可以让客厅看起来更清亮、简洁，也可以提升整个房子的使用机能。为了避免对谈话的各种干扰，室内交通路线不应穿越会客区，门的位置适宜设置于室内短边墙面或角落，以便有足够的实体墙面布置家具。

充分利用立体空间

传统的客厅布置只是从平面布置的角度出发，新的家居理念应该更多地考虑在墙面的垂直空间上做文章。

◆◆◆ 大师支招

客厅光线要充足：小户型的客厅一定要明亮，才能从视觉上看起来更宽敞，明亮的客厅也能带来愉悦的心情。像这种清新的柠黄色墙面，搭配白色的天花和墙壁是不错的选择。

把阳光引入客厅：本案的客厅所处位置并不理想，它位于房子的背阴面，光线不足，但是设计师利用大面积的玻璃推拉门以及透明玻璃砖墙，把书房的阳光引入客厅，这样客厅的采光问题就解决了。清新的柠黄色墙面、白色的桌椅、藤编的花篮，都散发出一种清新恬静的气息。弧形门洞和雕花镂空隔断将空间过渡演绎得柔和曼妙，使房间的每一个角落都充满了幸福的味道。

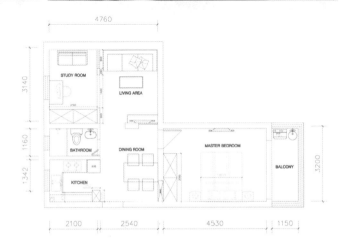

4760

3140

STUDY ROOM

LIVING AREA

1160

BATHROOM

DINING ROOM

MASTER BEDROOM

1342

KITCHEN

BALCONY

3200

2100   2540   4530   1150

客厅的天花设计：客厅的天花最好采用浅色调来装饰。现代住宅层高一般在 2.8 米左右，若整个屋顶都做吊顶，天花就会显得更矮，让人产生强烈的压迫感。可以设计成四边低而中间高的"凹"形天花。如果屋顶有横梁，可以围绕横梁，做适合形状的"凹"形天花，既能增加装饰效果，又可避免产生压迫感。

时尚小清新：小清新是时下十分流行的室内装饰风格。小清新家居注重细节，向往自然情趣，追寻清新气质。小清新家居的装修关键在于色彩的搭配，通常以白色、米色等浅色为基调，点缀黄色、绿色、粉蓝等亮丽的水果色家具和饰物。它虽不拒绝玻璃和金属这般材质硬朗的家具和饰物，但是藤、竹、棉、麻、实木等自然材质必须是主调。

圆弧的运用： 在西方，室内装修设计中弧形线条的应用比较广泛。中式的直线条和方形象征"静"，西方的弧形、圆形则象征"动"。弧形、圆形也会传递灵活、圆融的感受，给家居倍添温和。

混搭新风尚： 美式乡村风格自然，地中海风格宁静，截然不同的两种风格融合在一起，却使整个空间看起来十分和谐。仿古地砖、花纹壁纸、实木家具和粗麻窗帘组合在一起，既奢华又大气，孔雀蓝装饰瓶给以暖色为基调的空间带来了一丝清凉。

❖ 客厅格局巧经营

赞

√最好的客厅格局为正方形，即为"四隅四正"，因为这样的形状面积利用率是最高的，其次为长方形。

√"L"形客厅可用家具或者屏风划分为两个区域，就可化"L"形为方正的形状，一个区域为会客厅，另一个区域可另做他用。

√如果是要通过走廊才能进入客厅的，走廊要保持干净，宜摆放格调清新的装饰品。

√门窗宜开在东南方，因为东南方的来风最舒适。若只能在其他方位开窗，宜扩大窗户面积。

√客厅的格局要设计合理，要符合家人工作、生活的特点。只有生活有条不紊，心情才能愉悦，家人关系才能和睦。如果主人交际广，客厅就要预留比较大的会客空间。如果家里人比较喜欢看电视，就要打造舒适的视听空间。

弹

×大门正对窗户或阳台，这样外面的气流会直吹室内，或者造成室内过于干燥，让人感到不舒适。
解决方法： 大门与窗户、阳台之间摆放屏风或者高大的宽叶植物。

×客厅大门正对房间、厨房或厕所，则隐私曝光，为日常生活带来不便。
解决方法： 改门为上策，改不了的则摆放屏风或者高大的宽叶植物。

×客厅有尖角，视觉不和谐，利用率不高。
解决方法： 可布置收纳柜或浓密的常绿植物在尖角处。

×客厅天花有横梁压顶，造成压抑感。如果横梁在角落，则不会影响客厅气流回转，只要注意不把沙发摆在那里即可。
解决方法： 若天花比较高，宜用吊顶把横梁包起来。若天花太低，可以用灯具等装饰。

装修 Tips

现代住宅层高一般是 2.8 米，天花不宜做得太低，最好设计中间高、四周低的凹位造型，扩宽向上空间的开阔感。

光线昏暗的客厅宜在天花板上安装隐藏式日光灯，感觉上更接近太阳光。

因为房柱上一般都有屋梁，所以连墙的柱子之间最好不要放沙发，否则坐在沙发上的人会产生压折感，可以在梁下摆放书柜或陈列柜等家具。

地面砖虽然不是越贵越好，但也不是便宜的和贵的都一样。挑选地面砖至少要看耐磨性和釉面光滑度。那些易磨损且光滑度低、质量差的地面砖吸水性高，容易渗透，且不易清洁，等砖被磨损得体无完肤了，翻修又要浪费一笔钱。

购买电线和水管，一定要注重质量。若是漏水或漏电了，不但带来安全隐患，而且经常更换也麻烦。

电源插头不要少，要尽量预留好位置，并多设计一些待用的插头，以便日后需要。电源插头的设计要听取专业电工的建议，再综合家庭实际所需。

家中有小孩的，要巧用插座保护盖、安全门卡、防撞角等小物件，以提高家居的安全系数。

◈◈◈ 大师支招

客厅怎样合理布局：合理布局包括两个方面，一是要使空气顺畅地流通在客厅之中，二是最好在大门与客厅之间设置玄关或矮柜遮挡，使内外有所缓冲，保障住宅的私密性。

永恒的黑白风格：黑色稳重，白色张狂，静谧的黑色与乖张的纯白相互交融，极尽简单却又流露出极致的反差，两者看似矛盾，却能展现出最为真实的一面。黑白风格所体现的是一种简约的现代生活理念，即使整个客厅只有黑、白两色，也不会让人感到单调，反而彰显出一种另类的优雅。但是以单纯的黑、白为主色调的设计需要"点睛之笔"，例如通过加强灯光效果或摆设饰物来增加视觉亮点。黑白搭配在比例上也要有所注意，应遵循白色为主、黑色为辅的原则，再根据户型大小，适当的调整黑白比例。面积在 100 平方米以上的房子，黑色的比例控制在 10% ～ 20%；面积在 100 平方米以下的房子，则可以将黑色的比例扩大到 30% 左右。

SOHO 之家，居家办公新时尚：
SOHO 族的理想办公区域是在住宅的东、东南、南以及西北方，居家办公区应尽量采用自然光线，所以设在有大窗的房间最好。其次，办公室里应尽量选择辐射小的电器，并巧用绿色植物抵消辐射，缓解疲劳。办公空间需要一个大容量的书柜或书架，将书籍、光盘等资料有序地保存好。入墙式的书架较实用，占用空间小，又具有很好的装饰效果，若再放张沙发和茶几，则既可以当会客厅，又可以作为办公室的休息区。

低调奢华简欧风：华丽的简欧装修风格，给人以气场强大、事业成功、身份尊贵的印象。

小客厅的大气派：简欧装修风格比较常用的装饰手法是贴墙纸或做软包。简欧装饰风格的客厅不适合使用亚麻和帆布面料，而金丝绒、天鹅绒、提花、烫金等面料都能展现出简欧风格奢华高贵的气质。灯光设置宜柔和，像天花板藏光或者光线柔和的吊灯都是不错的选择。

客厅墙面大变身

电视背景墙的功能不容忽视

现在电视承载了更多的娱乐功能，各种电子设备容易让电视柜显得杂乱不堪。因此可利用抽屉柜将游戏机、机顶盒、遥控器等零碎物品藏起来，而简洁的隔板上主要摆放装饰品、书籍等，错落有致、美观实用。

小小隔板处处都可存在

与缝隙和角落一样，利用普通的墙面隔板，尴尬的墙面也能拥有其潜在的价值。隔板可单独出现也可以进行组合。将家具上方、侧面，甚至角落等垃圾空间变化得丰富实用。不过不要摆放沉重的物品，否则隔板会无法承托。

墙面装修材料逐个数

墙漆：乳胶墙漆是最普遍经济的涂料，色彩丰富、施工简易、价格多样，而且还可以使用肌理漆做出各种墙面质感。现在新兴一种环保涂料——硅藻泥，可以营造多种肌理效果，饰面质感生动真实。墙纸或墙布具有表现力强、工期短、更换相对容易等特点，是营造客厅气氛的好帮手。最常用的墙纸原料为树脂、纯纸和无纺布三大类。选择时要注意墙纸是否防潮、防火和环保，除此之外，要注意铺贴工艺，这也决定了墙纸和墙布的使用寿命。

石材：石材的品种繁多，造价也比较高，但是要营造高大上的客厅墙面，石材是不二之选，特别是空间较大的客厅，使用石材可显得大气奢华。不过要注意勿使用反光率太高的石材，如果是挂壁式电视机，安装石材时要为其留有位置。

木质：木质材质装饰墙面显得纹理自然质朴，可以增加居室舒适度，以及客厅的视听效果。另外新型的软木饰面板柔软可弯曲，大块的饰面板多用在整面墙上，小块的则可用在局部做背景装饰，节约用材。

手绘：如果客厅的空间不够宽敞，光线也不是很通透，主人家的预算也不高，可以使用手绘墙面来装饰客厅，而且手绘的选择非常多，能够很好地体现主人个性品位。

大师支招

地面、墙面、天花搭配原则：通常我们会将天花板比喻为天，地板比喻为地，墙壁比喻为表人。所以，原则上天花板的颜色要比墙面浅，墙面的颜色要比地板浅，这样，室内才能和谐统一。

最爱温馨暖色调：像奶油、咖啡、泥土、苔藓以及干枯植被的颜色都是中性暖色调。这种暖色调给人温暖、优雅、质朴的感觉，适合搭配深色实木家具、舒适的布艺沙发和光线柔和的灯饰。

客厅的色彩设计有讲究： 依据客厅在整个住宅中所处的位置来选择适当的色彩，有为家居设计加分的效果。客厅若位于住宅的西南或东北方，应主打黄色调；若位于东南或正东方，应主打绿色调；若位于北方，应主打蓝色调；若位于南方，应主打红色调；若位于西北或西方，应采用白色、银色或金色。

浓情梅洛红： 妖媚浓郁的梅洛红与纯木空间的质朴形成了鲜明的对比，搭配极具现代感的金属装饰品，营造出一种丰富而活跃的空间氛围。从客厅望去，露台上的阳光舒服得让人沉醉，一明一暗的效果，突出了自然生态的美，给人贴近自然、远离城市喧嚣的感觉。

北欧简约风：蓝色墙面、白色家具、灰色地板和高楼层大窗所带来的良好采光效果是这个客厅的最大特色。因为有温暖的光线和柔软的布艺中和，所以虽然是以蓝、灰为主色调来设计，却并没有使人感到冷清。舒适的沙发让人一看就想窝在上面，彻底的放空思想，享受难能可贵的惬意时光。

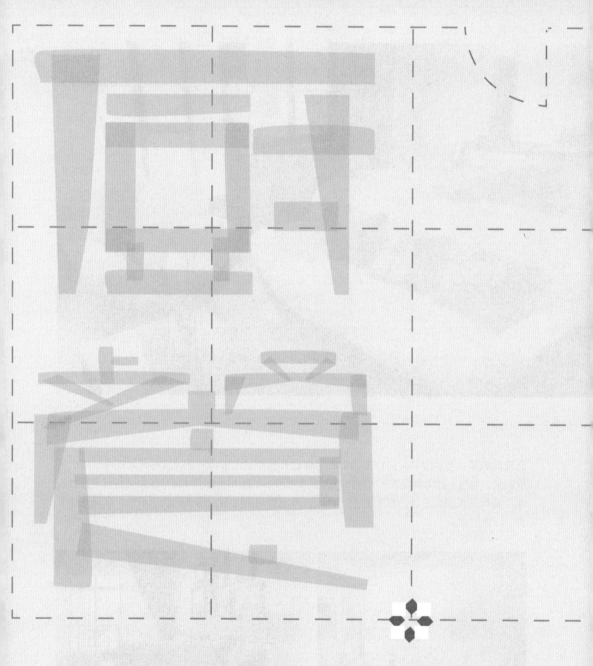

02 厨房与餐厅

厨房是"主妇煮男"的圣地，他们在这里为所爱的人炮制美食。若厨房设置得合理，不仅能有效利用空间，还能让做饭的人使用方便，使全家在"以食为天"的这件大事上过得有滋有味，增进家人的感情。而餐厅是家人聚会和分享见闻的地方，更应注重营造其乐融融的气氛。

✤ 好厨房是好生活的关键

厨房门正对玄关门，风尘染食物。

厨房门正对房间门，油烟扰健康。

厨房门正对厕所门，气味顶不顺。

小家电要远离水槽，安全有保障。

冰箱靠门摆放，开关双双不方便。

炉灶垂直水槽，水火有序效率高。

炉灶避开横梁，加装油烟机方便。

灶台上摆植物，化解油烟吸废气。

装修 Tips

直线条为主的橱柜设计风格，使厨房条理分明，让烹饪者运用自如。简约而单一的色调避免增加厨房的杂乱感，具亲和力的浅色调能营造温馨的厨房环境。

视觉冲击性极强的金属厨具能够提升厨房的整洁度。

厨房最佳尺寸：净宽≥1.7米、面积≥5平方米（其中带餐厅的厨房面积≥8平方米）、操作台面长度≥2.4米。

中式餐饮的厨房油烟大，要避免设计成开放式的结构。如果一定要设计开放式厨房，就要挑选大功率的抽油烟机或安装大窗户，让油烟快速排除出去。此外，橱柜要够大，务求把大部分用具都收藏起来，保证厨房的整体美观。

吊顶可选用塑料扣板或铝扣板，方便清洁；墙面可贴釉面瓷砖，既耐洗，又易擦；地面可选用防滑材料，即使不铺防滑毯，也能防止摔倒；橱柜台面要用防火防水材料；柜面也要选择表面光滑和容易清洗的材料。

台面材料选择	优点	缺点
天然大理石	花纹自然；抛光后手感好、硬度强、比人造石更耐磨、不怕着色；表面有毛孔，会渗透水分	平整度差、拼接缝隙明显；易滋生细菌；难修补，若有裂缝，则容易藏污纳垢
人造大理石	花色繁多；比天然石更柔韧；无缝拼接易清洁，整体感强	化学合成物质部分对人体有害；硬度小；怕划、怕烫、怕着色
石英石	耐磨；不易划花；吸水性差	价格高，质量良莠不齐
麻石	价格低；硬度高	纹路和色彩都比较单调
不锈钢	靓丽前卫；无缝拼接；光滑、易清洁	橱柜台面容易被划花，且划痕比较明显
瓷砖台面	价格低；款式多	若撞击，则易碎；比其他材料的拼接缝隙要大；易发霉和藏污垢

安全 Tips

先设计后施工。橱柜虽然是在基础施工完成后才安装的，但施工前必须先设计好橱柜的位置，更要具体确定洗菜盆的上、下水道的位置，预留安装净水器的位置、预先设计电器插座的位置等。

确定好各个位置后，再改造水电路。电路的设计要考虑电器的最大荷载电量，像烤箱、洗碗机等大功率的电器要单独设计，以免电线超负荷。

煤气管与电线不能并排设置，相互间要保持一定的距离。特别是燃气热水器的排气管温度非常高，更应该远离电线、塑料用品和其他易燃易爆物，如果空间有限则要采取隔热措施。

燃气管道不能私自改造，能走明管就不走暗管，因为明管方便检修。

冰箱不可近炉灶、水池和不通风的角落。注意在

预留冰箱位置的时候，更要给冰箱门预留打开的空间，切忌和厨房门打架。

抽油烟机护盖要高于家人的身高，以防撞头。可在油槽叠放一些吸油纸巾，当吸油纸巾被油浸满时就更换掉，这个方法使油槽更容易清洗。

厨房死角容易藏污纳垢，设计时要尽量减少厨房死角，避免增加清洁的工作量。

选用玻璃制作的厨房门和柜门可以增加视觉的通透感，给人宽敞明亮的感觉，但是玻璃门易碎，开关时要注意避免产生碰撞。

可在洗碗盆和料理台上方加装射灯，增加局部的照明效果。

◆◆◆ 大师支招

半开放式厨房： 开放式厨房的好处在于美观实用、节省空间，坏处就在于不适合中国式的烹饪方式。折中的设计方式是做半开放式厨房，通过透明的门体让厨房保持一个独立的空间。灶台和水池最好成"L"形分开布置，这种方式能最充分地利用墙角。从安全的角度考虑，刀具最好隐藏起来。

白色给人干净整洁的印象，直线条为主的橱柜设计，让厨房轻快明了。造型简单的纯白侧吸式吸油烟机在视觉上不会给人造成压抑感，且侧吸式机型无碰头、滴油之虑，装饰效果也非常好。

开放式厨房光线好，能从视觉上增大空间，但是要注意和整体的家居风格相匹配。灯饰的选择要尽量突出简洁、美观的效果，当然还要方便清洁。黑白两色是永远的经典色，也是简约风格厨房的不二之选。白色让厨房空间显得更宽敞洁净，而散发着金属光泽的灶具、电器和绿色植物则为这个"热"空间起到视觉上的"降温"作用。

灶台最好不要靠窗：从家居安全方面来说，灶台应该背靠实墙，最好不要正对门口或靠近窗户，因为炉火容易被风"使唤"，可能会造成煤气泄露或引燃易燃物品，造成安全隐患。

打造简约风厨房：风格简约的厨房崇尚功能的设置，利用简单的直线条来营造空间的开阔感。

厨房最好用浅色调：厨房温度较其他空间高，所以最好不要选择过于温暖的色调，以免产生闷热的感觉。最好选择白色、乳白色等浅色作为主色调。白色比较平和，能缓和情绪，看起来也更整洁卫生。另外，银色现代、棕色沉静、茶色雅致、蓝色清爽、绿色活泼、黄色温馨，这些颜色都可以用来做厨房点缀。

欧式红樱桃木橱柜、浅色复古砖，点缀不同颜色的花砖，再搭配散发着金属光泽的厨具，使整个厨房古典馥郁又不乏时尚品位，虽不是一眼惊艳，却是越看越耐看。

❖ 厨房巧收纳 生活有秩序

由于取放不方便，因此吊柜主要用来存放不常用的厨房用具。做不做吊柜还需从实际情况考虑，不能想着"人有我有"，就盲目地设置安装。如果收纳需求不是很大，可以只做一两个吊柜，辅以隔板收纳琐碎的厨具，也能使厨房摆置整齐、洁净有序。

吊柜的底部要高于家人的身高，以防撞到或造成压迫感。

拉篮可以增加橱柜内部空间的利用率，不但方便分类，而且取用更得心应手。

如果预算比较充足，可以定制功能划分得更细致的橱柜，如额外设置转盘篮、转角柜等，务求将拐角空间都利用起来。

在操作台墙上安装坚固的横杆，只需装上挂钩，就可以挂放锅铲、削皮刀和小锅等杂物。靠近水池的地方也可以安装挂钩，用来挂干湿抹布和砧板，这样能很好地避免砧板发霉。

洗过的碗碟不容易脱水干燥，若放在橱柜里，水分就更难蒸发了，若使用抹布去擦，抹布上滋生的细菌又会污染到碗碟上。那么该怎么办呢？不妨在水槽旁边设个碗碟架，洗完的碗碟既能顺手扣在上面，又能沥水通风。

筷子、汤勺放在橱柜或不透气的筷桶里，容易发霉和滋生细菌，特别是在梅雨季节里更不适宜这样放。建议在墙上挂一个透气性好的筷桶，用来放筷子和汤勺。

垃圾气味不好，容易滋生病菌，水分多的垃圾气味更臭而且细菌更多。应该把有机垃圾和可回收垃圾分开放置，也就是把干、湿垃圾分开放，避免湿的垃圾把其他垃圾弄湿，增加处理难度。而大部分剩菜剩饭和果菜皮等都是有机垃圾，要使用有盖的垃圾桶装。

厨房植物摆放有讲究： 在厨房摆放植物，不仅可以净化空气，也能给厨房带来更多的生气和活力。厨房位于东方或东南方最佳，因为光线充足，温度适宜，适合摆放各种小型观赏植物；若厨房位于南方，光照时间比较长，可以摆放一些观叶植物；若厨房位于北方，由于北方偏阴凉，摆放红色、橙色等暖色调的花卉可以增加室内的暖意；若厨房位于西方，最好在靠西的位置摆放一些浅色花卉，在夕阳的映照下会格外美丽。需要注意的是，厨房不宜选用花粉比较多的植物，以免花粉散落到食物中。

利用搁架增加收纳空间： 如果灶台杂物太多而感觉无处可放，可利用搁架增加空间利用率。下层放微波炉，上层放一些常用的餐具，这样就能省下不少空间。

功能齐全的"U"形厨房：如果厨房面积足够大，"U"形橱柜是最好的选择。"U"形橱柜方便把洗涤、料理、烹饪三种工作分区操作。而且橱柜大，储藏量也大，能使厨房布局更合理，整体性更强。

小高柜，大容量： 高柜是真正的储物高手，由于体积大，可以将烤箱、微波炉等电器都嵌入其中。高柜可以作为储藏柜使用，不常用的物品都可以收纳进来，既节省了空间，又使厨房显得整齐利落。但是高柜对安装位置的要求比较高，一般只有一面墙做橱柜的厨房为了不显得拥堵，尽量不要设计高柜，而有两面或三面墙可以利用的厨房，在最窄的墙面设计高柜比较合理。

❖ 餐厅连厨避厕最合理

赞

√餐厅最好和厨房相通，这样两个空间的动线最短，方便安排三餐。

√餐厅相对于其他场所，需更注重空气流通和干净整洁。

√餐桌宜规整，宜设计成圆、椭圆、方形和长方形等形状，一来来往的人不易撞到，二来易清洁。

√狭长的餐厅可靠窗边或沿墙摆放餐桌，这样会显得空间大一些。

√餐桌和配套的椅子、餐柜等的摆放，要考虑细致，既要方便人走动，又要收纳有序，方便使用。

弹

× 餐厅正对厕所。餐厅是吃饭的地方，厕所是污秽之地，两者相对会影响食欲，继而影响肠胃健康。
解决方法：如果厕所不得不与餐厅相连，可尽量把厕所门设在不正对餐桌的位置，也可以在厕所门口摆放植物进行遮挡。

× 复式建筑中，餐厅位于上一层楼的卫浴间的正下方，冲水声音会影响食欲，在楼梯下面则过于压抑。
解决方法：尽量不要把餐厅设置在厕所正下方，也不要随意将厕所改为餐厅，楼梯下的空间应尽量作他用，不要设为餐厅。

× 运用大量射灯，给人眩目之感，不利于进食。
解决方法：照明应主要集中在餐桌上，且光线要柔和，色调要温暖。温暖的照明效果，能增加食物的色泽，使人食欲大增。所以餐厅照明不宜太耀眼，令人难以直视。

× 铺设地毯，掉落食物会滋生细菌，不易清洁。
解决方法：换为易清洁又不容易打滑的地面材料。

✦✦✦ 大师支招

餐桌最好不要设在厨房：即使是开放式厨房，餐厅也最好是一个独立的空间。厨房油烟大，温度又比较高，餐桌设在厨房，易心烦、气躁，不利于家人的健康。

餐桌通过洗理台和厨房相隔，形成一个相对独立的用餐空间。餐椅蓝白相间和整体装修风格相呼应，玫红色的吊灯为这个清爽简约的空间增添了几分妖娆。

镜面餐厅: 餐厅气氛通常会比较温馨。用镜面装饰餐厅背景墙，镜面反射出柔和的灯光、精美的食物，会加倍的温馨浪漫，但要注意镜子所映照的方向，不宜让镜子对着灶台或灶具，否则不仅达不到装饰的效果还会影响就餐心情。

餐厅背景墙和天花采用镜面亚克力透光雕花装饰，与客厅电视背景墙遥相呼应，简约时尚。

以白色实木为边框的菱形拼贴银镜、白色餐桌椅、散发着柔和光芒的吊灯，在仿古砖和浅咖色墙面的映衬下显得华美又温馨。

餐厅背景墙，下面一米高的墙面用黑色窄框镶嵌磨砂玻璃做装饰，与黑白色的餐桌椅搭配在一起，形成了一个简约而理性的空间，而棕褐色的地板和暖色的灯光则为这个空间增添了一抹柔和之色。从功能上来说，餐桌所靠的墙面也最好以耐磨且易清洁的材料来装饰。

餐厅吊顶最好做成圆形、椭圆形，如果是方形，则最好用弧线走边。餐厅吊顶应四边低中间高，形成"天池"，从视觉上增加餐厅的高度。餐厅气氛宜温馨，建议采用暖色调的灯光，以营造良好的用餐氛围达到增加食欲的效果。

圆形天花内的柱形灯筒是设计的亮点。灯筒高低错落有致，简约却不简单，使整个天花造型极富艺术感。

这是一个大气的美式风格餐厅。古朴的地砖和别致的天花，搭配华丽的提花双层布艺窗帘、实木雕花餐桌椅，高贵大气。餐桌上摆放的像刚刚从田间摘下的花束，为这个华丽的餐厅带来了一丝自然生活气息。

实用的餐边柜设计：餐边柜可以充分利用墙面，增加收纳空间。嵌入墙体的落地餐边柜不仅有强大的储物功能，而且比购买的成品家具更容易与整个环境融为一体。

惊艳卡座：卡座比餐椅更节省空间，掀开坐板可以储物，靠背还能作为隔断，起到分隔空间的作用。

餐厅装饰品：餐厅装饰品不宜过于繁杂，挂画应以简洁优雅为主。饰品要以营造和谐的用餐环境为主题，同时还要预留足够的活动空间。

个性混搭：地中海风格的弧形门洞使空间过渡柔美，古朴典雅的宝蓝色描金景泰蓝吊灯与实木桌椅和带有民族风情的布艺靠垫随性混搭，让这个空间变得更时尚、更出彩。

摄影：黄涛荣

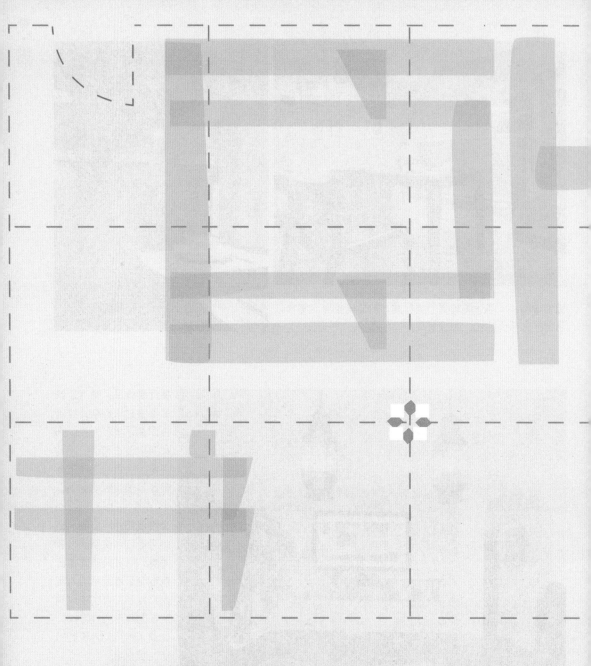

03 卧室与书房

人一生有三分之一的时间是在床上度过的，夫妻大部分相聚时间更是在卧室里度过的，可以说，卧室是维系夫妻感情的重要场所。从环境心理学上来说，卧室的布局装修直接影响夫妻两人的感情；从空间功能上来说，卧室有睡眠、收纳、休闲、梳妆的功能，安静、舒适、实用是卧室装修的第一标准；从私人角度而言，卧室又是最私密的地方，可以在这个自我天地里设计个人特色。

✥ 卧室是增进感情的场所

赞

√卧室格局方正，则面积利用率高。

√若卧室过于狭长，会减弱居住者的边际感。需要适当地利用家具隔断，或摆放些饰物，使房间看起来方正些。

√浴厕不宜改成卧室。浴厕本为洗涤、排污之所，且与楼上和楼下的浴厕相对，通风采光不好，而且马桶、水管运作的声音也会干扰到卧室，再者若发生漏水情况，必定殃及卧室。

√床头靠墙，避免漏空而减少安全感。

√床下不堆放杂物，避免灰尘和螨虫滋生。

√梳妆台带镜子，方便梳妆打扮，也能时时审视自己在伴侣眼中的仪容。

弹

× 卧室门对厕所，气味相冲多尴尬。
解决方法： 在厕所两旁放小植物，还要关上厕所门。

× 床头所靠之处与厕所仅一墙之隔，冲厕洗浴等噪音影响睡眠。

解决方法：可把床头移靠到别的墙，或者安装隔音设备。

× 床头靠门、靠窗户或者正对门口，光线和气流都会引起人心神不宁。
解决方法：床的最佳摆放位置是靠墙面窗，若床不得不靠窗，可用厚重的窗帘遮挡。

× 窗户不适宜朝东或朝西，日照时间过长会使室内温度持续升高，使人精神不振。
解决方法：如果窗户朝东或朝西，可以挂双层窗帘，一层为厚布、一层为薄纱。双层窗帘既能遮挡强光，又不影响通风和采光。

× 镜子正对床，易使主人感到不安或者易引起惊吓，不利于健康。
解决方法：镜子应避免照到床，可以放置特殊设计梳妆台，镜子处有两扇门做装饰，不使用镜子时可将门关上，就不用担心镜子与床相对了。

× 床、梳妆台和衣柜等家具造型迥异，整体风格杂乱无章，而家具的不平整则会增加在卧室磕碰到的危险，更无法给人平静的心境。
解决方法：挑选卧室的家具，首先要考虑安全性和实用性，其次要统一风格和颜色。

装修 Tips

卧室的主色调要视乎墙面、天花和地板等的色调而定，而卧室主人在装修之前，可以将自己喜欢的颜色作为主色调，再协调各个装饰细节。但是卧室的气氛则是由窗帘、床罩和衣橱等装饰细节决定的，这些装饰物所占面积大，其风格和图案也往往是展现卧室风格的关键。

性格急躁的人，适合以绿色为主色调。易怒的人宜以粉红色为主色调，因为粉红色能减少肾上腺素的分泌，使人的情绪趋于稳定。

卧室面积在 10~20 平方米之间为最佳，太小了会显得狭隘不舒适，太大了会令人感到没边际和没有安全感。

卧室家具的样式宜以"低、平、直"为主，尽管衣柜的高度根据类型略有不同，但是除了顶柜以外，其他收纳柜的高度最好不高于 2 米。

衣柜最好离床有一段距离，这样既方便行走，也不会令躺在床上的人产生压迫感。

卧室的电视机不宜摆放在窗前，最好放在房门的左手边，还要与观看位置保持一定的距离。

太过艳丽的字画、猛兽图画、神像、圣像和经书等也不宜放在卧室内，而刀剑、凶器、牌位更不能摆放在卧室内，会使人产生不好的联想。另外卧室饰物的颜色不宜为艳红，否则会使人的精神过度亢奋，影响休息。

◆◆◆ 大师支招

明厅暗房： "明厅暗房"，从字面上来解释即客厅要开敞明亮，卧室要隐蔽阴暗。但这并不是说卧室可以不采光，而是要尽量采用柔光，以提高睡眠质量。

大色块艺术空间： 用大面积色块来区分墙面、地面和天花，营造出一个时尚简约的卧室空间。艳丽的床品和窗帘则成为"点睛之笔"，使整个空间灵动起来。

卧室灯光设计： 卧室里的灯光要柔和，才能保证睡眠质量，要特别注意不要让光源直接射到脸上。可以安装一些能调节照明角度的射灯，有灯罩的吊灯，或在天花安装暗藏的光管。

优雅咖啡色卧室： 优雅的咖啡色主色调和沉稳的实木家具相搭配，使这个卧室散发出成熟稳重的气质。窗前放置的电动沙发，给人慵懒惬意的感觉，提高了卧室的舒适度，而落地窗设计则让卧室拥有极好的采光效果。

软包提升卧室情调： 对于喜爱法式浪漫风格的人来说，浅咖色丝绒软包最具高贵浪漫的情调。精细考究的白色烤漆家具、华丽的吊灯，都让这个卧室看起来更加高贵典雅。

最爱清雅卧室： 灰绿色的床头背景墙、轻纱窗帘、黑色古典四柱床和清雅的印花床品，都洋溢着 18 世纪的法式风情。

梦幻欧式：欧式古典大床的丝绒软包和雕花装饰，无一不彰显着华贵的气质，优雅的壁纸在柔和的灯光下折射出贵族般的梦幻气氛。华美的布艺床品、厚重的提花丝绒落地窗帘将这一室风情蔓延开来。

碎花壁纸打造淡雅田园风：轻柔淡雅的小碎花图案，给人一种清新淡雅的舒适感。这种柔和的乡村风格既令人感觉轻松，又散发着温馨的暖意。

现代风格卧室： 宽大的浅灰色床架，搭配深灰色的床头背景墙，使整个空间散发着浓郁的时尚气息。利用飘窗和墙面定制的白色梳妆台是设计亮点，这种设计既有效地利用了空间，又增添了空间的层次感。

❖ 小收纳方案告别琐碎卧室

装修 Tips

带有储物功能的床头柜，不仅可以放置睡前读物或其他杂物，还能在台面上摆放鲜花和灯饰。

加宽、加厚的床头靠板，可用来放置日常用品，而且也方便取放。但是不能搁置大件的或者太重的东西，以防掉下来伤人。

储物空间要足够大，设计时应考虑使用的便利性。床头最好有床头柜，可用来放置台灯、闹钟等日常用品。如果卧室空间很大，还可以考虑摆放梳妆台、书桌。

收纳物品的关键在于要根据自己的习惯和需要来

配置。储物柜和衣柜等的设置方案，应在装修前就计划好，还要与设计师沟通好。

矮柜用途大，可以在卧室靠墙打造一排来存储杂物，还能兼做工作台、梳妆台或者休息的椅子。

在床底设计抽屉或收纳箱，也能提高空间利用率，储藏更多的物品。

附带收纳功能的床，既可节省空间，也可通过独特的结构提升美感。

 **大师支招**

卧室忌杂乱：卧室杂乱会影响主人的睡眠质量，一个好的休息环境才能帮助培养一份好心情，只要心情佳，生活自然会顺起来。

一体柜设计：很多人都有睡前看书的习惯，但又没有空间摆放书籍。要解决这个问题，不妨在靠近床头的衣柜处留出一些空间，设置层板，做一个简单的书架。可以放几本书、一些小工艺品或者一盆小植物，给卧室增添一些文艺气息。

飘窗巧利用： 可以在飘窗两侧做迷你书架或收纳架，窗台铺上漂亮的软垫，再随意地摆放几个柔软的抱枕，就能打造出一个简单的休闲区。

墙面的利用： 利用立面空间是小卧室装修的制胜秘诀，最简单的方法就是在墙面上错落地钉几个搁架。搁架既可以起到收纳作用也有很好的装饰效果。

整体衣柜：整体衣柜给人一种大气、整洁的印象。整面墙都用来做衣柜，能最大限度地利用空间，需要注意的是柜门的材质、色彩一定要与整体装修风格相协调。

地台收纳：如果卧室空间小，可以考虑"组合式床位放置法"，将床设置在收纳柜上面，通过提升床的高度来达到利用床底空间的目的。设计师根据飘窗的高度和收纳的需求，把床抬高到 80 厘米左右。床下的柜子可以收纳大件物品，楼梯踏步做成抽屉收纳一些杂物，靠床的墙面既有吊柜又有可以挂衣服的衣柜，还有可放置书本、唱片的搁板。

❖ 婚房、儿童房和老人房的特殊要求

婚房

婚房的设计要兼顾日常生活习惯和结婚习俗,当然也要遵守基本的设计规则,通过局部布置增进新人的情感,衬托喜庆的气氛。

婚房的装修一定要为未来发展留有可供改造的余地,切不可贪图一步到位。在卧室里布满衣柜、大床等各种大型家具,等生活了一段时间后,才发现有一些家具根本用不上,想添新的又舍不得扔掉旧的,想换种风格又没有可供改造的空间。

大红色的喜被和装饰能营造喜庆的气氛提升新婚夫妇的感情。

床头不宜挂过大的婚纱照或装饰画,否则会形成压迫感,也会有安全隐患。

新婚礼物代表亲朋好友对新人的祝福,可适当地选两三件做摆设,也可以轮流展示,这样既可让卧室的摆设保持新鲜感,又不因陈设物过多而显得拥挤。

❖❖❖ 大师支招

温馨婚房: 浅咖色的欧式复古藤纹墙纸、实木地板和白橡木衣柜,使整个空间看起来典雅而大气。浅色系床品在灯光的映射下散发着金色的光泽,只需放置几个红色丝绸抱枕就能烘托出喜庆的气氛。

喜庆婚房： 传统的大红色绣花床品展现出热烈的喜庆气氛，青花瓷双喜台灯寓意好，造型又不夸张，即便作为日常用的灯饰也是很有特色的。

环保婚房：为了烘托喜庆的气氛，大多数人都会买一套大红色的床品，但新婚过后就很少再用了，这样不免有点浪费。其实婚庆床品还可以选择粉红、玫红、鹅黄或者印花等既温馨又环保的床品。

儿童房

儿童房宜设在住宅的东部或东南部，以便接受清晨阳光的洗礼，使儿童勤勉有朝气。

房屋中心基本是每条动线都会经过的地方，因此儿童房不宜设在住宅中心，以免大人的日常活动影响儿童的休息和学习。

孩子不同的成长阶段对房间的装修需求不同。如何能让孩子成长在符合他们年龄层次的房间里呢？一是选用造型简洁、摆放自如的家具；二是不可装潢得太复杂，要预留多一点空间以便未来改造。

可以通过简单的搭配展现儿童房的大胆创意。不妨观察小孩的性格和爱好，用色彩斑斓的小家具、枕头和玩具，创造一个快乐成长的空间。

根据心理学研究，男孩和女孩对颜色有不同的偏好，不同的年龄层次对颜色的偏好也略有不同。学前儿童更喜欢纯色，男孩宜用蓝色等冷色，女孩宜用粉红和黄色等暖色。必须注意的是儿童房的主色调不宜过于艳丽，因为会不利于安稳情绪，不过像家具、窗帘这样的局部装饰，可以采用较为花哨的色彩，刺激儿童视力和智力的发展。

上小学后，儿童房则适宜选用较为柔和的色调，

既能创造安静的学习环境，同时也符合这个年龄段的孩子的个性和行为的发展。

儿童房的装修材料要环保，电线要隐蔽，少用玻璃镜子，尽量不放地毯。虽然地毯能够减低跌倒造成的伤害，但是也容易附着粉尘，特别是对于还不太会走路的孩子而言，接触地毯，容易受到细菌的感染。

儿童喜欢在墙上涂鸦，所以可以在墙上挂画板、贴上软黑板或刷黑板漆，这样既不会弄脏墙壁又有自由创作的空间。

尽量将家具靠墙摆放，避免挑选有尖角的家具，还需以实用为主，对家具删繁就简。有些储物柜可以放在孩子可触及的地方，鼓励孩子自己收拾玩具，培养他们的自理能力。

孩子学习时常常注意力不集中，所以书桌最好面墙摆放，这样孩子在学习时正对墙壁，就不会东张西望而安心读书。书桌的上面不要摆放高物，插线板也要放在孩子不容易碰到的地方。

儿童房最好不用落地灯，以防被绊倒或撞碎。

蓝色儿童房： 蓝天、海洋给人一种广阔的感觉，蓝色还能激发人的创造力，而以蓝色为基调的儿童房可以给孩子更自由的成长空间。可以在儿童房多准备几个置物篮或收纳箱，让他们根据玩具或者书本的大小，分门别类地进行收纳，养成良好的生活习惯。

灰色儿童房： 由于灰色过于沉静，所以儿童房通常不会以灰色作为主色调。不过灰色搭配白色家具和清新的布艺，再加上几只卡通玩偶，还是能打造出可爱而生动、趣味十足的儿童房。

红色儿童房：红色代表热情，黄色代表快乐。耀眼的红色床头背景墙搭配黄色的床品，使房间充满朝气，而白色的家具则中和了红色的热度，为房间增添了一份时尚感。

粉红色儿童房：浅粉红色的背景墙，搭配粉红色的印花床品，像极了童话世界里的公主房。

粉绿色儿童房：这是一个适合年龄稍微大一点的儿童使用的房间。粉绿色清新自然，有利于培养孩子沉静的性格。实木家具和小小的绿色植物，能打造出自然舒适的感觉。

老人房

老年人易醒，房间应该设在走动不频繁的地方，以免影响老人休息。

老人房的隔音和通风效果要好。老年人待在房间的时间比年轻人多，所以采光好的房间能让他们更好地享受阳光。如果屋子带庭院，不妨让老人房接近庭院。

老年人喜欢和缓轻松的气氛，所以卧室尤以淡雅的暖色调最为合适。此外老年人视力不好，要保证灯光足够明亮。

老人房的装饰材质力求无污染，尽量少用金属和复合工程材料，多使用木、竹等天然材料。

衣柜太多，会占用过多空间，不利于老年人活动。况且老年人的衣服比年轻人少，所以老人房的储物空间可以少一些。

家具应尽量少棱角和靠墙摆放，大件的物品要确定摆放稳当，避免放置鱼缸等易碎物品，要注重居室的安全性。橱柜不宜太高，抽屉不宜太低，要方便老年人取放。

如果房间允许，可以摆放一张双人沙发，方便老年人聊天、读报。

调节老年人的情绪非常重要，寓意吉祥的物品和老年人多年珍藏的物品能让他们心情愉快，所以老人房里非常适合摆放象征长寿、健康和平安的书画作品和工艺品。

老人房的方位：老年人卧室宜位于南方或东南方，因为阳光对老年人的健康有很大的影响，而且大部分老年人都喜欢晒太阳。向阳的房间让老年人有更多的时间和机会享受阳光。

现代老人房：浅色地板、咖啡色背景墙和棕色的床架搭配在一起，沉稳而不沉闷。墙上悬挂的装饰画，给这个空间增添了些许清雅的气质。

摄影：黄涛荣

中式老人房：大部分老年人都偏好中式传统风格的那种古朴沉静和含蓄内敛，深浅搭配的配色方案也十分适合老人房。例如，选择深色的实木家具，浅色调墙壁、床品、窗帘，这样，看起来既和谐雅致，又能衬托出长者成熟睿智的气质。

摄影：黄涛荣　　　　　　摄影：黄涛荣

一房两床贴心老人房： 老人睡眠浅、易醒，建议在老人房设计两张床。这样，两位老年人同居一室，互不干扰又能互相照应。

❖ 书房装修，安静舒适最重要

工作区和储物区是书房的主要空间，如果空间允许可以增加一个阅读区。工作区要选在采光好的地方，书房里的物品可以较集中地规划在储物区里面，尽可能地给工作区和阅读区留下空间。

书房要兼顾办公和家居两种功能。书房不仅是办公空间，也是上网休闲的地方。时下因为面积不足的关系，很多书房都是和客厅或者卧室连在一起的。

书房要选用隔音、吸音材料，如天花用吸音石膏板吊顶，墙壁用 PVC 吸音板或软包装饰布。此外，厚窗帘或双层窗帘也能起到隔音的效果。

书桌和书柜的设计要符合人体工程学的原理和主人的使用习惯。书的收藏最好分门别类，并且根据使用频率妥善放置，以此提高办公效率。

座椅要和书桌的风格相协调。座椅不仅要选质量好的，而且也需要符合人体工程学的原理，能有效地承托背部曲线。现代人在电脑前的时间越来越长，一个好的座椅对人的健康有很大的帮助。

书房里除了摆放最基本的书桌、书架和椅子，还可以摆放沙发、白日塌和落地灯，营造舒适温馨的气氛。

书桌

书桌周围的空间本来就比较空，如果椅子还背靠玻璃或窗户，会对背后空旷的感觉更加敏感，影响精神的集中，而且窗外嘈杂环境也会使人不适。

书桌不放在门边，因为与门相近，易受外面噪声的影响。

沿窗摆放书桌，虽然能保证采光充分，但正对太阳易伤视力，如果拉上窗帘，则又显得光线太暗，

不妨将书桌后移或侧放，那么工作疲劳时，还可倚窗远眺景色，放松紧绷的神经。

写字台容膝处要足够宽敞，给腿留下舒展活动的空间，台面要根据各种电子产品的摆放位置设计足够的插座。如果两人共同办公，可以沿墙做一个宽 0.5 米、长 2 米的条形写字台，打造富有 SOHO 气息的自由工作环境。

书柜

书桌附近的书柜不宜太高，否则会坐在书桌前会产生压迫感，另外在太高的地方存放东西也不方便拿取。

书柜宜放置在背阴处，一方面避免阳光直射，另一方面也有利于书籍的保存。

书柜大小要根据自己的藏书量进行选择，既要收藏好现有的书籍，又要预留足够的空间，方便日后藏书。书柜的深度以30厘米为佳，过大未免浪费材料和占用过多地面面积。

书柜要透气，不要全部空间都摆满了书，还需留一些空间，摆放一些工艺品舒缓神精，同时也使得书柜的摆放显得有层次感。

入墙式书柜节省空间，但不好更换。

书柜格子的规格要根据书籍大小而定，最好将一些比较大的格子设在书柜的底层，用来存放开本较大的书籍和杂志，这种设计不会使书柜上部过重产生头重脚轻的感觉。

吊柜式书柜和等身高的书柜也是不错的选择，它们都能留出下面或上面的空间以供使用。

如果空间灰尘少或书籍需要经常取阅，可以设置开放式书柜。如果空间灰尘多，而主人又不太喜欢打扫卫生，建议设置带门的书柜。

要收藏珍贵的书籍，最好使用有柜门的书柜，又或者用收纳箱放好再放进开放式书柜中。

书房颜色的选择：书房主色调应选用较为柔和的颜色，以乳白或浅黄色等淡雅的颜色为首选。最好不要大面积地使用艳丽的颜色，这样既容易损伤视力，也会使人无法静下心来工作或阅读。

贴墙打造情侣书桌：由实木台面和做旧的蓝绿色抽屉组成的书桌，搭配乡村风书架和复古收纳盒以及从弧形窗台上垂落的绿萝，使整个空间如田园般自然纯朴。书桌由工人现场制作，倚墙而放，比较节省空间，可供两位主人同时工作或者阅读。

书房装修选材：书房应安静宁和才更容易进入工作状态，所以墙面材料最好采用有隔音或吸音功能的材料，一般用壁纸或柔性板材比较好。地面最好也选用有吸音效果的木质地板、地毯，但是，地毯不要太厚，以免产生懒散的感觉。灯光最好选择一些比较柔和明亮的灯，强烈的灯光或彩光则会扰乱视线，让人思想分散。

全木空间：木材是这个空间的主角，温暖的阳光透过百叶窗静静地洒在实木地板上，书房在夕阳静谧的余晖中散发着原木特有的清香。

为窗台量身定做书桌：书桌紧挨窗户，工作学习容易受到窗外环境的干扰而分心，因此书桌最好设置在窗户的侧面。如果受空间限制不得不在窗口放置书桌的话，一定要装遮光窗帘或者百叶帘。书桌的材料要用不易变形的板材或者经过特殊处理的防高温、防潮的木材。需要注意的是，桌面至少要离出墙面 30 厘米，这样坐下后腿部才会放得舒适自然。如果要沿飘窗摆放书桌，那就要根据飘窗的形状定做书桌。

阳台变书房：阳台光线充足，因此很多人选择把书房搬到阳台上，这样既可以享受日光浴，又可以在阳光下工作。但是阳台改成的书房往往会有噪音和冬冷夏热的困扰，加厚阳台墙体、加强阳台窗户的密封性、采用中空双层夹胶玻璃可以有效地改善噪音和冬天寒冷的问题。给阳台玻璃贴膜则是一种防暑降温的好办法，厚重的窗帘也是一层防晒屏障。

书房布置：书房布置的重点在于设计一个有利于工作和读书，让事业和学业更进一步的格局。书房空间一般划分为收藏区、工作区和休息区。8～15平方米的书房，收藏区适合沿墙布置，工作区靠窗布置，剩余的空间做休息区。15平方米以上的大书房，可根据个人喜好灵活布置，划分出较大的休息区用来会客。

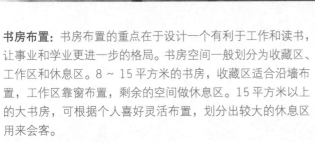

摄影：黄涛荣

摄影：黄涛荣

卡座书房：卡座用在书房大胆而惊艳，白色书架和浅咖色软包卡座完美地结合在一起，卡座沙发下面设计成储物空间，大大地增强了家居的收纳功能。仿古地砖、浅色实木桌椅，搭配复古铜制吊灯，营造出一种温馨优雅的氛围。这既是一个富有情调的书房，也是一个休闲会客的空间，闲暇时约二三好友，一起喝喝咖啡、聊聊天，共度美好时光。

窗台巧利用：利用窗台也可以打造出一个小型书房，一侧墙面做书柜，窗台下面做成抽屉或者是掀盖的收纳柜，铺一个软垫，再放几个柔软的抱枕，一个舒适惬意的小书房就形成了。

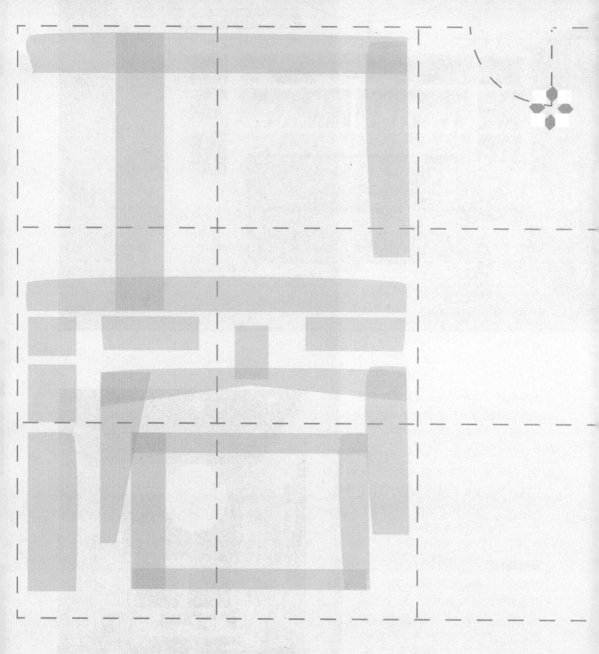

04 卫浴间

卫浴间是水汽聚集、排污洗浴之处，所以需特别注意其在住宅中的位置。要重视卫浴间的安全性、方便性、私密性和舒适度，装修时要特别注意排水、通风、防潮、防滑等问题，采用易于打扫的地面和墙面材料，以及设置适当的收纳空间。

❖ 卫浴分离最合理

卫浴间是潮湿污秽之地，除了要远离主卧、书房和儿童房，最好也不要设在走廊尽头，避免潮湿污浊之气从走廊之外，散至各个房间。

卫浴间应设在住宅的边缘，可以减少污浊之气对住宅活动中心的影响。卫浴间设在正东和东南方的位置为最佳，这两个方位通常也是房屋的向阳处，有助于干燥空间。

坐便器不可正对卫浴间的门，也不宜正对镜子，

这样很不雅观。

卫生间的门锁最好采用里外都能打开的两用型门锁，以防家里的小朋友将自己反锁在里面，或者出现其他意外情况时能及时打开门施救。

卫浴间可设置一定高度的门槛，门与地面的空隙可以留大一点，有利于通风。

功能分区

如果卫浴间的面积足够大，最好把干湿区分开，湿区可安装淋浴房。淋浴房一般设置在卫生间靠里的角落，而四分之一圆弧形淋浴房适合装在有转角区或正方形的卫生间。圆弧形淋浴房节省空间的同时，又能利用不太好处理的转角区。

如果卫浴间只有3～5平方米，可以只将洗浴区和坐便区分开。

面积非常小的卫浴间，可以只用浴帘隔开洗浴区和坐便区，但是安装浴帘时要注意处理好排水和浴帘滴水的问题，别让水随处流。

盥洗区要注意处理好地面排水的问题，它可放到卫浴间外，也可做成半开敞式的设计。而半开敞式的设计非常简单，只需用矮墙或半透明玻璃隔开。

收纳放置

卫浴间的收纳设计应根据使用习惯来布置。如，洗澡时要考虑在什么地方脱衣服，要洗的和要穿的衣服分别放在哪里，特别是对于小浴室而言，要注意不淋湿干净的衣物。洗浴用品既要放置在随手能取的地方，方便洗发时闭着眼睛也能拿到，又要考虑喷头洒水的范围，不要淋湿干毛巾。此外，毛巾要挂在通风干燥的地方。

要充分利用上下空间，在大角落安置浴室柜，而小角落尽量不摆杂物，才能方便搞卫生。

一般的洗浴用品包括卫生纸的体积都比较小，所以卫浴间的储物柜的抽屉或架子宽15厘米即可，若抽屉太深反而不方便整理和取用物品，而且也会造成空间的浪费。

卫浴间的置物架，要采用防水防锈的材料，架子上的玻璃物件要放在儿童够不着的地方，并且要放稳。若想解决浴室柜的防潮问题，可采用悬挂设计，并使用防水材料。

要充分利用窗台既不遮光又能储物的作用，摆放小盆景，增加生活的情趣。

常用物品要放在明处且有固定位置，能一眼看清，方便取用。备用物品可放在吊柜或者矮柜中。

洗浴用品、化妆用品体积不大，数量却不少，最好专门做一个小橱柜或架子来放置它们。

大师支招

复古风卫浴：复古风卫浴间多以淡雅的背景为基调，用腰线和雕花做装饰，搭配仿旧家具和复古墙砖，再以一两种复古洁具作点缀，打造出一种古朴而舒适的卫浴环境。

乡村风复古卫浴：整个空间以蓝灰色和白色为基调，搭配古铜花洒、复古水龙头和香柏木浴桶，便可打造出宁静舒适的氛围。淋浴区使用防腐木做地台，四周以大理石做挡水条，地台和挡水条之间设置了利于排水的导流槽，实用又精美。

欧式复古卫浴：仿古瓷砖让整个卫浴空间显得古朴自然，深色实木盥洗台和复古雕花镜框则赋予卫浴空间优雅华丽的气质。

中式复古卫浴： 古色古香的雕花盥洗柜、青花瓷盥洗盆、铜制宫灯，打造出了一个古朴典雅的中式卫浴间。

现代风格卫浴：仅仅是黑、白、灰三种颜色，就能打造出时尚简约的卫浴空间，而且这种设计十分符合年轻人的喜好。横向瓷砖有延展空间的作用，适合面积狭小的卫浴间。

极简卫浴：这是一个线条极其简洁的卫浴空间，虽然只运用了简单的几何图形和黑白两种色调，却是一个经典的设计，它的经典之处在于点、线、面的完美结合，对比与融合的设计理念。

❖ 舒适的卫浴有赖细节的打造

装修 Tips

卫浴间最重要的就是排水、通风系统，地面和墙壁在铺瓷砖前都要做好防水。

地面最好是铺有花纹的防滑地砖，墙砖要与地砖的式样配套，使整体风格一致。在大片瓷砖式样相同的墙上，可砌一排纹样相异的花砖腰线，这样不但能活跃视觉，而且把墙面分为两个部分，天花板就显得更高了。

卫浴间的给排水线路最好不要做太大的改动，即使要改动，也要根据具体情况而定，如视察洗衣机的上下水位。若卫浴间足够大，还可以做一个冲洗拖把的池子。

卫浴间的地面要留下水口，且地面一定要有坡度，以免积水。其次，卫浴间的门要有门槛，防止水流出来。

卫浴间的电线接头处必须挂锡（即在铜线的线头上烫上一层锡），并要先后缠上防水胶布和绝缘胶布，电线体必须套上阻燃管，所有开关和插座都必须有防潮盒，其他地方要根据电器的大小来设计，以保证使用安全和方便。

装修前要把下水孔的孔距记录好，再根据距离选择适合的浴房、浴缸、坐便器和洗手盆等，还要将这些家具的尺寸告知施工师傅，让他们留好位置，以免安装时才发现尺寸不合适。

可以选择挂墙式洗浴架，因为它们更加节省空间。

坐便器的选择标准主要看冲洗性能、节水量、静音效果。有直冲式和虹吸式两种类型，前者冲洗效果较好，后者比较节水。

卫浴间一般是下排，必须测量排污口至墙体的距离，再选购尺寸适合的坐便器。

家中如有老人或残疾人，最好在坐便器旁边安装扶手。

如果需要在卫浴间里化妆，可在镜子上面设一盏镜前灯，旁边预留一个插座，便于使用吹风机或者给电动剃须刀充电。

用具特性

台盆	适用于较宽敞的卫浴间，要配合使用台板和增力裙板	

柱盆	适用于小型卫浴间	

角式挂盆	适用于小型卫浴间，可以设置在墙角位置	

木质浴桶	色泽自然、舒适、有亲和力，材质要选用不易发霉和变形的	

亚力克浴缸	便宜但不耐用，使用一段时间后表面会出现灰色划痕	

| 铸铁浴缸 | 最耐用，但价格较贵 |  |

| 钢制浴缸 | 价格和耐用性均处于亚力克和铸铁浴缸之间 |  |

| 伸缩美容镜 | 可以拉伸和调节照射角度，方便化妆和剃胡须 | |

| 带镜柜 | 适合小型卫浴间，既能收纳又能当镜子且造型简洁 | |

| 镜面墙壁 | 集合了洗面盆、储藏柜、灯饰于一体 |  |

❋ 攻克污染

污染源头	污染影响	解决方法
废纸篓	使用过的厕纸容易聚集细菌，影响空气质量，还会污染到其他物品	取缔废纸篓，废弃卫生用品要用袋子装好，并丢进外面的垃圾桶里
氨气	冬季施工中使用的防冻剂会在夏季释放氨气，且卫浴间较厚的防水层也会释放一定的氨气，这些都将致使下水道聚集很多氨气	保证卫浴间有较好的排水设备，在潮湿季节里，可以打开浴霸烘干浴室
脱落的毛发	发丝堵塞在地漏口，被发丝阻挡流进下水道的垃圾会日渐腐烂并滋生细菌	应在每次洗发以后，及时清理地漏口
除味剂	除味剂的成分都是化学产品，经过化学作用后，以气体形式弥留在空气中	不使用或少使用除味剂，应多开窗通风，或用植物和鲜花除去异味
化学清洁剂	污染空气和水源	有节制地使用，且要选用无毒的成分较为健康的清洁剂

大师支招

黑白空间：用黑色玻璃作为隔断，不仅有效地划分了区域，还能增加空间立体感。纯白色的洗手台和大面积镜面，增加了空间的通透性，并从视觉上扩大了空间面积。

艺术空间：小方格瓷砖拼贴的卫浴空间艺术感十足。由多个六边形银镜拼成的浴室镜，在灯光的照射下散发着耀眼的光泽，与白色简约洗手台搭配在一起，极具现代感。

外置洗手台： 洗手台外置的好处是可以节省卫生间狭小的内部空间，使用起来更加方便，尤其对于只有一个卫生间的家庭来说，卫生间和洗手台可以同时使用而互不干扰。需要注意的是外置洗手台一定要做得美观，要当成空间亮点来处理，墙面不宜用乳胶漆，防水措施也要做好。

互动空间： 洗手台和镜面柜之间采用镂空设计，和相邻的餐厅形成一个独立又连通的互动空间，几个关节可活动的木质人偶，让空间多了一些艺术气质。

卫浴间放植物有利健康：卫浴空间潮湿、水汽大，摆放阴生土种植物，可以调节卫浴间过多的潮湿水气，有利于家庭成员的健康。但是卫生间光线不足，温差和湿气也比较大，所以太过娇贵的植物不宜选择，耐湿的观赏性绿色植物才是首选。比如，蕨类植物、垂榕、黄金葛、观叶凤梨、竹芋、蕙兰等都是非常适合种养在卫生间里的植物。同时一定要选择好植物的摆放位置，尽量避免洗浴时的泡沫飞溅进去，造成对植物的伤害。

马赛克打造个性卫浴空间： 马赛克色彩丰富，防水性好，款式时尚多变，不同的搭配有不一样的感觉。盥洗区、淋浴区和浴缸都可以用马赛克来装饰。在贴马赛克前基层一定要找平，如果基层墙面不平，贴出来的效果就很难看；建议选用专业的马赛克粘合剂，千万不要用白水泥或黑水泥来粘贴，水泥会腐蚀马赛克底层釉料，一段时间后，马赛克可能会出现变色、褪色现象，再者粘贴不牢固，长时间后会出现单颗脱落的现象；贴完后，要用专用的填缝剂填缝，切忌用水泥填缝。

卫浴收纳： 如果卫生间面积较大，可以定制或者购买大容量的镜面浴室柜。通过合理的设计，浴室柜可以收纳不少零散的物品，那些难以装点的墙面和死角也能被充分利用，收纳之余还具有装饰效果。另外防水置物架或搁架也是不错的选择。

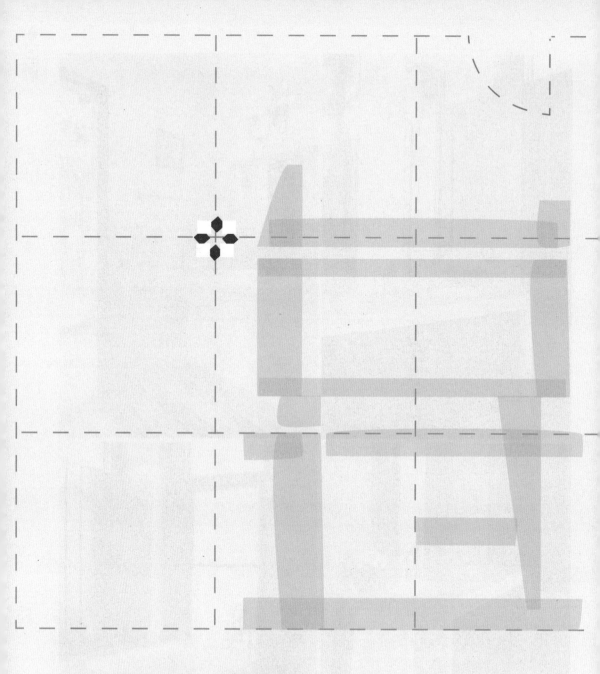

05 过道与阳台

过道和阳台在住宅中所占的面积虽然不大，但一个是连贯室内的空间，一个是连接室内室外的空间。动线是否流畅，空气是否流通，关键在于过道和阳台的布置是否得当。而且阳台是家居中不可忽视的休闲空间，若设计得好，能为生活带来不少惊喜。

❖ 过道洁净生活顺

过道是连通房子的纽带，要干净整洁、畅通无阻，生活起来才会觉得舒畅。

过道应避免过于狭长，其长度不可超过房间的三分之二。此外过道不宜将房子一分为二，这种设计会导致格局过于平均而缺乏美感。

过道净宽不宜小于 1.2 米，而通往厨房、卫生间和储藏室的过道净宽不宜小于 0.9 米。

过道不可正对卧室门，不然过道风会直吹卧室，也影响卧室的私密性。

如果过道正对卧室门，可以在过道安装门或装珠帘等。而半通透的门能起着极好的遮挡效果，例如下面是木头和上面是玻璃的半身双开门。

过道以明亮不刺眼的颜色为宜，不宜五颜六色，最好和邻近空间的装修风格一致。

过道不宜装射灯或光线过于强烈的灯，这会使走在过道中的人感到焦躁。

可以选用光线十分柔和的壁灯或顶灯，最巧妙的方法是将灯光打到天花板上再反射下来，那么二次照明就使得光线更加柔和了。另外，过道是通行的地方，也可以安装长明灯，为深夜上厕所的人照明。

大师支招

过道墙面颜色：过道的墙壁应采用与居室颜色相同的乳胶漆或者壁纸，如果过道所连接的两个空间的色调不同，原则上过道墙壁的颜色应与面积较大的空间的主色调相同。

过道天花：过道天花可以原顶刷乳胶漆，也可以用轻钢龙骨和石膏板做具有观赏性的吊顶。吊顶更方便做灯光设计，可以侧面藏光管或用亚克力做透光板，使灯光更柔和。

过道采光：过道一般位于居室内部，采光效果往往不佳，较为阴暗。可以把与过道相邻的房间门设计成玻璃推拉门，不仅可以有效地改善过道采光，还能起到延伸视觉空间的作用。

过道装饰： 过道在居室中扮演着空间转换和过渡的角色，因此，过道设计不仅要考虑其功能性，还要考虑其装饰性。嵌入式书柜、搁板、地毯、吊灯、镜子、装饰画，或者带图案的壁纸都能让过道大放异彩。

端景墙： 端景墙既是过道的尽头也是视线的着落点，应该作为家居设计的重点来打造，端景墙的设计也应该与家居的整体风格相协调。

楼梯过道：过道是连接屋内各个空间的通道，犹如房屋的经脉，而楼梯则是连接上下空间的中介，是房屋上升下沉的桥梁。楼梯和过道一样重要，它们都关系着居室的通畅程度，它们所处的位置和装饰效果也能影响人的情绪。楼梯同时也是一个位于上下楼层之间的独立空间，楼梯和过道的墙面上适宜悬挂照片或是几幅油画，以展现主人的品位与兴趣。

❖ 熏风宜人的阳台最舒适

赞

√阳台宜朝向南方或北方，这样既能保证充足的日照，又能享受微风的吹拂；相反，若阳台朝向东方或西方，则过于暴晒，冬天也常受寒风之害。

√阳台是住宅与外界交流的重要空间，要收纳有序，少放杂物，保持阳台的开阔明亮。

√阳台要主次分明。主阳台一般与客厅连在一起，可作为休闲的地方，装修风格以舒适为主，且风格要和客厅一致；次阳台一般与厨房或者房间相连，可摆放洗衣机、晾衣或者储物，装修风格要以实用为主。

弹

✕ 阳台正对街道，车辆和噪声会扰乱室内的氛围。
解决方法：种植植株较高的植物，也可以用自然材质或带花草纹样的帘子遮挡。

✕ 阳台正对高楼大厦，会感觉拥堵、不透气。
解决方法：在阳台处摆放一些阔叶盆栽。

✕ 阳台正对卫星发射塔，电磁辐射影响人的身体健康。

解决方法：如果塔距离阳台 500 米以上，对住宅没有什么影响，如果相距少于 500 米，则要在阳台处摆放一些阔叶盆栽来防辐射。

✕ 阳台正对厨房，厨房的油烟会排放到阳台。
解决方法：要常拉上阳台的窗帘，或者在厨房和阳台之间安装隔断，或者在阳台做个花架，种一些爬藤植物净化空气。

装修 Tips

阳台的结构不是为承重而设计的，通常每平方米的承重不超过 400 千克，所以装修阳台前要先了解其承重能力，避免放过重的家具和杂物，而想在阳台做小水景或小花园的客户更要注意这个问题。

非封装阳台的地面要向排水口略微倾斜，铺地砖前要先刷防水层，而放置洗衣机和洗手盆的地方尤其要注意排水处理。

封装阳台要注意抗风性能和承重能力，封装要牢固，并要保证阳台窗户的密封性，另外防水框的里外不要弄错。

向阳的阳台适宜安装遮阳篷提高阳台的舒适度，若挂竹帘，也别有一番风味。若阳台朝西，还需考虑多装一块遮光布，遮挡西晒过多的阳光和热量。

卧室的阳台可以与卧室打通，设计为书房，紧靠厨房的阳台可以当储物区。宽敞的阳台或者与卫浴间相连的顶楼露台，可以装透明的弧形采光顶，设计成惬意的餐厅或者烧烤区。

小型阳台可以用装饰性强的小块墙砖、马赛克或毛石板作点缀，大型阳台可以用质感丰富的文化石或窄条墙砖来装饰。无论阳台面积大还是小，都要避免选用反光材料和金属材料。

摆放在阳台处的家具要选用防水性能强且不易变形的户外家具，例如防水木质家具和铸铁家具。

阳台变身洗衣房：中国式的阳台除了让我们呼吸新鲜空气、进行户外锻炼外，还担负着洗衣晾晒的功能。靠阳台一侧墙面设计一个由瓷片或者马赛克做饰面的壁橱，嵌入洗衣机和洗手盆，上面还可以做吊柜或者搁板，用来收纳杂物或者摆放几盆绿色植物。

阳台变身阳光房：可以把阳台"封闭起来"，改造成一个自然纯净的阳光房。主人既可以在那里享受阳光，又可以读书、品茗、聊天。

阳台植物：阳台摆放植物可美化居室环境、缓解视觉疲劳、净化空气、调节室内温湿度。针对灰霾天气造成的空气污染，可在阳台上摆放常春藤、长春蔓、吊兰、橡皮树、龟背竹、铁树、绿萝等植物，这些植物都是天然的除尘器；从观赏的角度出发，可在阳台上摆放君子兰、菊花、海棠、茉莉、杜鹃、南天竹、佛手、金桔等植物；从寓意吉祥的角度出发，可以选择的植物有万年青、金钱树、铁树、发财树、摇钱树、龙骨、玉麒麟等。万年青常年颜色青翠，寓意健康长寿；金钱树、发财树、摇钱树等有财运亨通的吉祥寓意；铁树、棕竹寓意坚强；龙骨形似龙脊骨，玉麒麟形似石山，这两种植物都寓意稳定。

摄影：黄涛荣

私家庭院 DIY：春末夏初，是各种植物的生长期，是最适合做庭院设计的时间。庭院 DIY 的基材选择应以简单实用为主，最好是在市场上可以轻易买到的东西，比如红砖、鹅卵石、木栅栏、油漆、花盆、刷子等等。

摄影：黄涛荣　　　　摄影：黄涛荣

阳台封闭与否，各有所见。按阳台的功能来分析，封闭阳台意味着失去阳台本来的使用功能，尤其是南向阳台。封闭阳台仅仅是扩大了室内使用面积，一旦遭遇意外，将失去一个良好的救生通道。此外，封闭阳台将为盗窃者提供由阳台向上攀登入室行窃的途径。

然而，封闭阳台也有其有利的一面。用塑钢配合双层玻璃既可隔绝或减少城市噪音对室内环境的干扰，又有利于室内空间良好小气候的创造（阳台封窗，内侧装落地门），还可以减少空调负荷，节约能源。所以，阳台封闭与否，应根据具体情况而定，但有一点是可以肯定的：用铁栅封闭阳台，表面看来似乎安全可靠，其实这种做法并非明智之举。

附录 ◼◼

❖ **室内设计装修常规尺寸表**（单位：厘米）

水、电	台盆进水口：距地面 50～55 洗菜盆进水口：距地面 45～50 拖把池进水口：距地面 75～80 洗衣机进水口：距地面 120 电热水器进水口：距地面 170 燃气热水器进水口：距地面 130 淋浴龙头进水口：距地面 110 淋浴龙头冷热进水管间距：15（冷热水口必须平行） 坐厕进水口：距地面 20 坐厕的进水口尽量安置在能被坐便器挡住视线的地方 地漏口：离墙 20 浴室防水层：不低于 180	开关：距地面 120～140 可视电话：距地面 130 普通插座：距地面 30～40 平板电视插座：距地面 110～130 烟机、挂式空调插座：距地面 220 厨房插座：距地面 110 洗衣机插座：距地面 120～150 台盆旁插座：距地面 150～160 露台插座：距地面 140 以上，并尽量避开阳光直射 过道留一个插座插夜灯 电饭煲、洗衣机、空调等摆放位置固定的电源插座，最好选用带开关的，不用经常插拔
墙面	踢脚线高：8～20 墙裙高：80～150 挂画高：160～180（画中心距地面高度）	
门、窗	居室门的标准高度一般为： 一般室内门 200 入户门 210 居室门的标准宽度一般为： 标准入户门洞 90 房间门洞 90 厨房门洞 80 卫生间门洞 70	窗帘盒： 高 12～18 单帘宽 12 双帘宽 16～18（实际尺寸）

客厅	三件套转角沙发：宽 90 ~ 100，长 330 ~ 420 电视柜：高 40 宽 40 餐桌：长 140 宽 90	
房间	衣柜：进深 55 ~ 65 床：有靠背 230，没靠背 200，量尺寸多加 5 床头柜：高 50 宽 40 床的规格：135、150、180、200	书柜： 进深 35 ~ 45 层板间隔 25 ~ 40 书桌高 70 ~ 80
厨房	灶台：高 78 进深 60 洗菜盆：一般双盆宽 80，单盆 35 ~ 45 吊柜和操作台之间的距离：65~70 吊柜距地面：150 ~ 160	
卫浴	一般马桶所占面积：37×60 悬挂式或圆柱式盥洗池所占面积：70×60 正方形淋浴间的面积：80×80 浴缸的标准面积：160×70	镜子高：距地面 135 浴巾架高：160 ~ 170 （根据主人的身高选定）
灯具	大吊灯：最小高度 240 壁灯：高 150 ~ 180 反光灯槽：最小直径等于或大于 灯管直径的两倍 壁式床头灯：高 120 ~ 140	
电视最佳视角	电视机为 20 ~ 27 寸，最适宜观看距离 120 电视机为 32 ~ 37 寸，最适宜观看距离 200 ~ 300 电视机为 42 ~ 46 寸，最适宜观看距离 350 ~ 450 电视机为 50 寸，最适宜观看距离 350 ~ 500 电视机的高度应以能够平视电视屏幕中间部分为宜	

❖ **鸣谢**

支点设计
http://www.zdsee.com

宁波东羽室内设计工作室
http://www.88v2.cn

刘耀成设计顾问（香港）有限公司
http://www.lyc123.com

威利斯设计有限公司
http://willi swu.blog.sohu.com

深圳三米家居设计有限公司
http://www.3mihome.com/index.asp

DLONG 设计
http://www.dolong.com.cn

冯振勇国际创意设计（香港）有限公司
http://www.xici.net/b1292637

一米家居
http://www.hualongxiang.com/yimi

辉度空间
http://www.19lou.com/forum-1911-1.html

鸿鹄设计
http://www.hualongxiang.com/honghu

南京市赛雅设计工作室
http://www.zhendian.net

宋毅——玛雅设计机构

温州大墨空间设计有限公司
http://www.china-designer.com/home/452632.htm

林函丹

朱文彬

深圳巴黎时尚装饰有限公司
http://www.pfdeco.com

曾燕妃

图书在版编目（ＣＩＰ）数据

这样装修才会顺：装修必知 / 凤凰空间·华南编辑
部编. -- 南京：江苏凤凰科学技术出版社，2015.3
　　ISBN 978-7-5537-4113-0

　　Ⅰ．①这… Ⅱ．①凤… Ⅲ．①住宅－室内装修－基本
知识 Ⅳ．①TU767

中国版本图书馆CIP数据核字(2015)第012346号

这样装修才会顺——装修必知

编　　　者	凤凰空间·华南编辑部	
项 目 策 划	郑　青　宋　君	
责 任 编 辑	刘屹立	
特 约 编 辑	宋　君	

出 版 发 行	凤凰出版传媒股份有限公司
	江苏凤凰科学技术出版社
出版社地址	南京市湖南路1号A楼，邮编：210009
出版社网址	http://www.pspress.cn
总 经 销	天津凤凰空间文化传媒有限公司
总经销网址	http://www.ifengspace.cn
经　　　销	全国新华书店
印　　　刷	北京博海升彩色印刷有限公司

开　　　本	710 mm×1000 mm　1 / 16
印　　　张	9
字　　　数	100 800
版　　　次	2015年3月第1版
印　　　次	2024年4月第2次印刷

标 准 书 号	ISBN 978-7-5537-4113-0
定　　　价	35.80元